彩图版
果树整形修剪
七日通丛书

彩图版 核桃

7 整形修剪

七日通

王红霞 赵书岗 张志华 ◎ 主编

中国农业出版社

北 京

主　编　王红霞　赵书岗　张志华

参编人员　（以姓氏笔画为序）

于海忠　王　贵　王红霞　田　义

田景花　白志贵　玄立春　刘　凯

安秀红　许新路　孙红川　李林晴

杨丽娜　杨艳芳　吴晓婷　何富强

张　锐　张志华　张泽超　赵书岗

赵悦平　高　仪　雷　玲

　　核桃是世界著名的"四大坚果"（核桃、扁桃、板栗、腰果）之一。我国古时将核桃称为"万岁子""长寿果"，国外称为"大力士食品""浓缩营养包"等。核桃种仁营养丰富，具有很高的营养保健和药用价值。中医认为核桃性温、味甘、无毒，有健胃、补血、润肺等功效。现代营养学和病理学的研究认为，核桃对于心血管疾病、Ⅱ型糖尿病、癌症和神经系统疾病有一定康复治疗和预防效果。随着人们生活水平的提高，优质的核桃已经成为人们日常生活的必需品。

　　世界上生产核桃的国家有50多个，在我国核桃已有2 000多年的栽培历史，目前面积和总产量均居世界首位。我国核桃栽培分布包括21个省份，核桃生产在我国果品生产中占有重要地位。近年来，随着栽培面积的扩大，产量

也随之增加，但我国核桃的单位面积产量很低，不修剪或修剪不当是低产劣质，甚至早衰死亡的重要原因之一。随着核桃栽培技术的发展，核桃的修剪技术也在不断完善，虽然我国核桃树修剪历史悠久，但长久以来未引起高度重视，由于栽培面积大、分散经营和农村劳动力紧张等原因，核桃修剪技术的普及率还很低。一些种植大户，或者经过土地流转后的公司、合作社比较重视整形修剪，但由于缺乏修剪技术导致生产效率低下。总之，推广普及核桃修剪技术是核桃产业发展中迫切需要解决的问题。

为适应果品市场发展的新形势，推动我国核桃产业的健康发展，我们根据我国核桃生产的具体情况，结合多年从事核桃科研和生产的实践经验，参阅了大量相关文献资料编写了此书。本书采用图文并茂的编写形式，力求达到技术先进、科学实用、通俗易懂、可操作性强、适于学习的目的，旨在为我国核桃产业的发展尽微薄之力。

本书疏漏和不妥之处，敬请同行和读者不吝赐教。

编　者

目 录

前言

第一天

整形修剪的意义、时期

整形修剪是核桃栽培管理中一项重要的技术措施。合理地进行整形修剪，可以形成良好的树体结构，使骨架牢固，枝条疏密适宜，并能调节生长与结果的关系，从而达到高产、优质、稳产、树体健壮和长寿的目的。

一、整形修剪的意义

整形就是培养合理的树体结构，实现枝条有序分布，最大限度地提高光能利用率。修剪是根据生长、结果的需要，用以改善光照条件、调节营养分配、转化枝类组成、促进或控制生长。通过修剪能达到整形的目的，整形合理能实现丰产、稳产的目标。其意义在于形成丰产的树体结构，改善光能利用条件，促进生长和结果的协调发展。

（一）均衡树势

自然生长的核桃树，多数上强下弱，营养竞争激烈，大枝多、小枝少，无效枝比例高。因此，需要通过修剪手段，人为控制树的形状，使各类枝条合理分布，最大限度地提高光能利用率，在幼树和放任生长树上，通过整形均衡树势，为下一步丰产打基础。

（二）促进生长和结果

修剪分为缓势修剪和促势修剪，在促进生长方面，采用促势或缓势修剪手段，把养分集中到壮芽上长出壮梢，或去除"霸王芽"

分散的养分，促生更多的枝，都能起到促进局部生长和整树生长的目的。在促进结果方面，核桃上强枝难成花，弱枝难坐果，中庸枝是结果的"主力军"，通过修剪技术可以培养出更多的中庸枝，实现多结果的目的。在核桃生长各个阶段的修剪都是生产上的重要环节。

（三）节省营养

核桃树自身不能调节生长和结果的矛盾，营养很难合理分配，同时无效枝也不会自动淘汰，要通过人为修剪，去除多余枝芽，起到节省养分的作用。节省营养的整形修剪技术在衰老树复壮和早实品种旱作栽培中是一项重要的技术措施。

二、整形修剪的时期

核桃在休眠期修剪（又称冬季修剪）有伤流，这有别于其他果树。长期以来为了避免伤流损失树体营养，核桃树的修剪多在春季萌芽后（春剪）和采收后至落叶前（秋剪）进行。近年来，河北农业大学、辽宁省经济林研究所和陕西省果树科学研究所等均进行了冬剪试验及示范。结果表明，核桃冬剪不仅对生长和结果没有不良影响，而且在新梢生长量、坐果率、树体主要营养水平等方面都优于春、秋修剪。试验认为，休眠期修剪产生的伤流主要是水分和少量矿质营养的损失。而秋剪时，叶片尚未完成营养回流造成营养损失；春剪时，有呼吸消耗和新器官形成，剪去同样会造成营养损失。相比之下，春剪营养损失最多，秋剪次之，休眠期修剪损失最少。目前，在秦岭以南地区、陕西省及河北省涉县等地已基本普及休眠期修剪，均未发现有不良影响，其他各地也可放心采用。从方便操作和不伤害间作物等方面考虑，也以休眠期修剪为好。但从伤流发生的情况看，只要在休眠期造成伤口，就一直有伤流，直至萌芽展叶。北方严冬时期，伤流沿树干形成冰柱，造成树干皮层冻裂，严重时造成整株死亡。因此，在提倡核桃休眠期修剪的同时，应尽可能延期进行，根据实际工作量，以萌芽前结束修剪工作为宜。

第二天

修剪依据

一、根

（一）根系生长动态

核桃属深根性树种。主根较深，侧根水平伸展较广，须根细长而密集。在土层深厚的土壤中，成年核桃树主根深度可达 6 米，侧根伸展可达 12 ～ 14 米，根系集中层为地面以下 20 ～ 60 厘米，占总根量的 80% 以上，核桃 1 ～ 2 年生实生苗则表现主根生长速度高于地上部，三年生以后，侧根生长速度加快，数量增加。随树龄增加，水平根扩展加速，营养积累增加，地上枝干生长速度超过根系生长（表1）。

表1　核桃树枝干生长与根系（河北农业大学）

树龄	树高（厘米）	垂直根最大深度（厘米）	枝干总重量（克）	根系总重量（克）
一年生	25.9	138	101.2	100.2
二年生	71.8	159	449.1	498.7
九年生	409.0	320	25 969.6	10 634.0

核桃根系 1 年中大约有 3 次生长高峰。第一次在萌芽前至雌花盛花期，第二次在果实硬壳期（6 ～ 7 月），第三次在落叶前后。

（二）根系与土壤的关系

成龄核桃树根系生长与土壤种类、土层厚度和地下水位有密

切关系。土壤环境较好，根系分布深而广。土层薄而干旱或地下水位较高时，根系入土深度和扩展范围均较小。因此，栽培核桃应选土壤深厚、质地优良、含水量充足的地点，有利于根系发育，从而可加快地上部枝干生长，达到早期优质、丰产目的。例如，栽在土层深厚地方的十一年生树，垂直根深度为 170～200 厘米，侧根水平分布为 480～520 厘米，主要根群集中分布在 40～60 厘米；山坡地土层较薄（仅 36 厘米），垂直根深度 120 厘米，侧根水平伸展 280 厘米左右；生长在黄土中十二年生核桃树高为 420 厘米，垂直根深度 80 厘米，根系集中分布层为 50～80 厘米，新梢平均长度 35.4 厘米；而在有砾石的红土中，树高 168 厘米，垂直根深度 40 厘米，新梢平均长度 13.6 厘米。由于土壤条件不良，常常导致根系发育差，地上部枝干生长衰弱，造成"小老树"现象，影响树体的生长和结果。

二、芽

根据核桃芽的性质和特点，可分为混合芽（混合花芽）、叶芽（营养芽）、雄花芽和潜伏芽 4 种（图 1）。

（一）芽的分类

1. **混合芽** 是指芽内含有枝、叶、雌花原始体的芽体。混合芽萌发后可长出结果枝、叶片和雌花。混合芽一般为单芽，也有双芽。晚实核桃多在结果枝顶端及其以下 1～2 芽形成混合芽，混合芽可单生或与叶芽、雄花芽上下重叠着生于复叶的叶腋处。早实核桃除顶芽着生混合芽外，以下 3～5 个（最多 20 个以上）叶腋间，均可着生混合芽。混合芽体呈近圆形，饱满肥大，一般长 5.6 毫米，直径 5.5 毫米，被覆鳞片 5～7 对。

2. **叶芽** 着生在营养枝的顶端及以下叶腋间。侧生叶芽多单生或与雄花芽叠生。从混合芽与叶芽着生比例看，晚实核桃叶芽数量较多，早实核桃叶芽数量较少。同一枝上叶芽，由下向上逐渐增大。顶端营养芽常呈阔三角形，侧生叶芽多呈半圆形且个体较小。叶芽萌发后，只长枝条和叶片，是树体生长的基础。

3. **雄花芽** 裸芽，实际是雄花序。雄花芽主要着生在一年生枝的中部或中下部，单生或双雄芽叠生，或雄花芽与混合芽叠生。雄花芽呈短圆锥形，鳞片极小且不能包被芽体。雄花芽伸长后形成雄花序。雄花芽数量及每雄花序着生雄花的数量，与品种、树势有关。

4. **潜伏芽** 按其性质应属叶芽的一种，通常着生于枝条下部和基部，在正常情况下不萌发。随枝条停止生长和枝龄增加，芽体脱落而芽原基埋伏于皮内，其寿命可达数十年或百年以上，受到外界刺激可萌发枝条，可用于枝干的更新复壮。

混合芽

叶芽

雄花芽

潜伏芽萌发

图1 核桃芽的种类

（二）芽的特点

核桃树的芽是产生枝、叶、花，决定树体结构，培养结果枝组的重要器官。芽具有以下特点：

1. **异质性** 核桃树一年生枝上的芽，由于一年内形成时期的不同，芽的质量差异很大。早春形成的芽，在一年生枝的基部，因春季气温还低，树体内营养物质较少，所以芽的发育不良，呈瘪芽状态。夏季形成的芽，在一年生枝春梢的中、上部，此时气温高，树体内养分较多，所以芽的发育好，为饱满芽。在一年生枝的秋梢基部形成的芽大部分为瘪芽。夏季伏天高温，呼吸消耗大，生长缓慢，形成了盲节。伏天过后，气温适宜核桃树的生长，秋季雨水也较多，生长逐渐加快，形成了秋梢。秋梢中部的芽体饱满，秋梢后期的质量不好，木质化程度低，摘心可提高其木质化程度。图2示芽的异质性。

不同质量的芽发育成的枝条差别很大。质量好的芽，抽生的枝条健壮，叶片大，制造养分多；质量差的芽，抽生枝条短小，不能形成长枝。

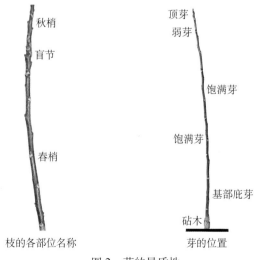

秋梢	顶芽
盲节	弱芽
	饱满芽
	饱满芽
春梢	基部庇芽
	砧木

枝的各部位名称　　　　芽的位置

图 2　芽的异质性

整形修剪时，可利用芽的异质性来调节树冠的枝类和树势，使其提早成形，提早结果。骨干枝的延长头剪口一般留饱满芽，以保证树冠的扩大。培养枝组时，剪口多留春、秋梢基部的弱芽，以控制生长，促进形成短枝，形成花芽。

2．**成熟度** 早实核桃品种芽的成熟度早，当年可形成花芽，甚至可以形成二次花、三次花。晚实品种的芽大多为晚熟性的，当年新梢上的芽一般不易形成花芽，甚至 2～3 年都不易形成花芽。

不同品种之间修剪方式不同。早实品种核桃树的修剪，可在夏季对枝条短截，促进分枝和培养枝组；晚实品种的核桃树可在夏季对枝条摘心，促进分枝，培养树体结构，或加速枝条的成熟，有利越冬。

3．**萌芽力** 核桃树的萌芽力差异很大，早实核桃的萌芽力很强，如京861、中林1号、辽宁1号，萌芽力可达80%～100%；晚实核桃的萌芽力较差，一般为10%～50%。角度开张的树，枝条萌芽率高，直立的树萌芽率低。

萌芽力强、发枝力强和中等的品种，应掌握延长枝适当长留、多疏少截、先放后缩的原则。萌芽力强、发枝力弱的品种，应掌握延长枝不宜长留、少疏多截、先缩后放的原则（图3）。

骨干枝延长枝
短截效果

图 3　骨干枝短截后的萌芽效果

7

三、枝条

核桃的枝条一般分为营养枝、结果枝和雄花枝，这些枝条是形成树冠、开花结果的基础。

（一）营养枝

营养枝也叫生长枝，根据枝条生长势又可分为发育枝、徒长枝和二次枝3种（图4）。

营养枝　　　　　　　二次枝　　　　　　　徒长枝

图4　枝条的种类

（二）结果枝

着生混合芽的枝条称为结果母枝。由混合芽萌发出具有雌花并结果的枝条称为结果枝（图5）。健壮的结果枝顶端可再抽生短枝，多数当年亦可形成混合芽。早实核桃还可当年形成当年萌发，当年开花结果，称为二次花或二次果。按结果枝的长度可分为长果枝（＞20厘米）、中果枝（10～20厘米）和短果枝（＜10厘米）。结果枝长短与品种、树龄、树势、立地条件和栽培措施有关。

结果枝上着生混合芽、叶芽（营养芽）、潜伏芽和雄花芽，但有时缺少叶芽或雄花芽。

果痕—

结果母枝　　　　　结果枝

图 5　结果母枝和结果枝

（三）雄花枝

雄花枝（图 6）是指除顶端着生叶芽外，其他各节均着生雄花芽而较为细弱短小的枝条。雄花枝顶芽不易分化混合芽。雄花序脱落后，除保留顶叶芽外，全枝光秃，故又称光秃枝。雄花枝多在衰弱树、成龄或老龄树及树冠郁闭的树上形成。雄花枝多是树势衰弱和品种不良的表现，修剪时应及时疏除。

图 6　雄花枝

（四）枝类

核桃的枝条大致可分为短枝、中枝、长枝三类（图7）。

1. 短枝　枝长5～15厘米。停止生长较早，养分消耗较少，积累较早，主要用于本身和其上顶芽的发育，容易使顶芽形成花芽，结果能力强，但结果后容易衰弱，特别是在缺乏肥水供应时，更易早衰。

2. 中枝　枝长15.01～30厘米。停止生长较早，养分积累较多，主要供本身及其他芽的发育，也容易形成花芽，是结果的主体，具有较强的连续结果能力。中枝的数量决定树势的强弱，也决定产量和品质。

3. 长枝　枝长30厘米以上。停止生长较迟，前期主要消耗养分，后期积累养分，对贮藏养分有良好作用，但停止生长太晚，对贮藏营养不利。可用其扩大树冠，作各级骨干枝的延长枝；也可利用分枝，促进分生短枝和中枝，形成各类结果枝组；还可利用其作为辅养枝制造养分，积累营养，以保证有充分的贮藏营养，满足核桃树的生长和结果。

在整形修剪时，需调整三类枝条的比例。一般来讲，盛果期树长枝应占总枝量的10%左右，中枝应占总枝量的30%，短枝应占总枝量的60%。品种不同，各类枝条的比例不同，老弱树要多疏多短截，幼树除骨干枝外，要多长放，少短截。保持一定的枝类比，可使核桃园可持续丰产稳产。

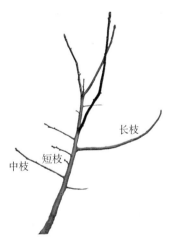

图7　枝条的类型

（五）核桃树的枝条生长特点

1. 干性　晚实核桃一般容易形成中心干，生长旺盛，在整形时一般培养为主干形树形（图8）。早实核桃由于结果早，干性较弱，因此开心形树形较多。尤其是采用中、小苗木建园,常常不易选留中心干。若想培养主干形树形,必须采用1.5米以上的大苗。

图8 主干形树形

2. **顶端优势** 顶端优势(图9)又称极性。位于顶端的枝条生长势最强,顶端以下的枝依次减弱,这种顶端优势还因枝条着生的角度和位置的不同,有较大的差异。一般直立枝条的顶端优势很强,斜生的枝条顶端优势稍弱,水平枝条更弱,下垂的枝条顶端优势最弱。此外,枝条的顶端优势还受原来枝条和芽的质量的影响。壮的枝芽顶端优势强,弱的枝芽顶端优势弱。

3. **成层性** 由于核桃树的生长有顶端优势的特点,所以一年生枝的顶端发生长枝,中部发生短枝,下部不发生枝条,但存在潜伏芽。如此每年重复,使树冠内各发育枝发生的枝条,成层分布(图10)。整形时根据枝条生长的成层性,合理安排树冠内的骨干枝,使其疏散成层排列,能较好地利用光能,提高核桃的产量和品质。核桃树枝条生长的成层性因品种而不同,生长势较强的品种层性明显,在整形中容易利用,有些品种生长势较弱,层性

表现不明显，整形时需加控制和利用。

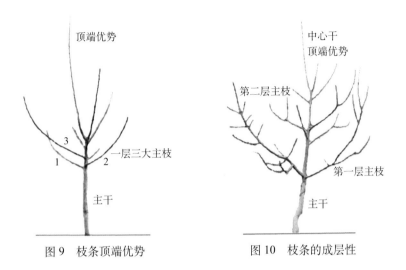

图 9　枝条顶端优势　　　　图 10　枝条的成层性

（六）发枝力

核桃树萌芽后形成长枝的能力叫发枝力，各品种之间有很大差异。如清香、中林 1 号、中林 3 号和西扶 1 号的发枝力较强，枝条短截后能萌发较多的长新梢；有的品种发枝力中等，一年生枝短截后能萌发适量的长新梢，如鲁光、礼品 2 号等；有的品种发枝力较弱，枝条短截后，只能萌发少量长新梢，如辽宁 1 号、中林 5 号和赞美等。

核桃树整形修剪时，发枝力强的品种，延长枝要适当长留，树冠内部可多疏剪，少短截，否则容易使树冠内部郁闭。对枝组培养应"先放后缩"，否则不易形成短枝。对发枝力弱的品种，延长枝截留不宜过长，树冠内适当多短截以促进分枝，否则各类枝条容易光秃脱节，树冠内部容易空虚，减少结果部位。对枝组培养应"先缩后放"，否则不易形成枝组或使枝组外移。

发枝力（图 11）通常随着树龄、栽培条件而有明显的变化。一般幼树发枝力强，随着树龄增加逐步减弱。土壤肥沃、肥水充足时，发枝力较强；土壤瘠薄、肥水不足时，发枝力就会减弱。因此，核桃树整形修剪时必须注意栽培条件、品种和树龄等因素。

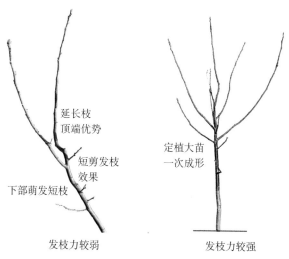

延长枝
顶端优势

短剪发枝
效果

下部萌发短枝

定植大苗
一次成形

发枝力较弱　　　　　　发枝力较强

图 11　发枝力类型

（七）分枝角度

分枝角度（图 12）对扩大树冠、提早结果有重要影响。一般分枝角度大，有利树冠扩大和提早结果。分枝角度小，枝条直立，不利于树冠扩大并延迟结果。品种不同，分枝角度差别较大。放任树几乎没有理想的分枝角度，因此丰产性差。

80°～90°

图 12　纺锤形的主枝与主干夹角

分枝角度大的品种树冠比较开张，容易整形修剪；分枝角度小的品种，枝多直立，树冠不易开张，整形修剪比较困难，从幼

13

树开始就需严加控制。

（八）枝条的硬度

枝条的硬度与开张角度密切相关，枝条较软，开张角度容易；枝条较硬，开张角度比较困难。如西扶1号、中林1号枝条较硬，京861、晋龙2号枝条较软。对枝条较硬的品种要及时开张主枝角度，由于枝条硬，大量结果后，主枝角度不会有大的变化，需要从小枝开始培养。枝条较软的品种，主枝角度不宜过大，由于枝软，大量结果后，主枝角度还会增大，甚至使主枝下垂而削弱树势。夏季，由于枝条生长过快，木质化程度低，也会造成枝条下垂弯曲（图13）。

图13　夏季徒长枝条下垂弯曲

四、叶

（一）叶的形态

核桃叶片为奇数羽状复叶，复叶的数量与树龄大小、枝条类型有关。复叶的多少对枝条和果实的生长发育影响很大。据报道，着生双果的结果枝，需要有 5～6 个以上的正常复叶才能维持枝条、果实及花芽的正常发育和连续结果能力，低于 4 个复叶，不仅不利于混合花芽的形成，而且果实发育不良。

（二）叶的发育

在混合芽或营养芽开裂后数天，可见到着生灰色茸毛的复叶原始体，经 5 天左右，随着新枝的出现和伸长，复叶逐渐展开，再经 10 ～ 15 天，复叶大部分展开，由下向上迅速生长，经 40 天左右，随着新枝形成和封顶，复叶长大成形，10 月底左右叶片变黄脱落，气温较低的地区，落叶较早。图 14 示叶的形态和发育。

图 14　叶的形态和发育

五、花

核桃从营养生长过渡到开花结果，是一个极其复杂的过程，既受本身遗传物质的制约，也与内源激素平衡、营养物质积累和一系列生理生化过程有关，同时还受栽培条件与技术措施的影响。晚实核桃实生树通常需要 8 ～ 9 年才能形成混合芽，栽培条件较好时，5 ～ 6 年即可开花结果，但雄花芽则晚于雌花芽 1 ～ 2 年出现。而早实核桃只需 2 ～ 3 年，有时播种出苗第一年即可开花结果。根据花的性质可分为雌花和雄花两种，它们着生于同树但不同芽内，故称雌雄同株异花。但早实核桃中偶有雌雄同花序或同花者。

（一）雄花

雄花主要着生于一年生枝条中下部的雄花序上（图 15）。雄花序平均长 8 ～ 12 厘米，偶有 20 ～ 35 厘米的长序。每雄花序有雄花 100 ～ 180 朵，每雄花有雄蕊 12 ～ 35 枚，花药黄色，每个药室约有花粉 900 粒。50 ～ 70 年生树平均着生雄花序 2 000 ～ 3 000 个，可产生花粉 800 克左右，有生活力的花粉约占 25%。早实核桃有时出现二次雄花序，对树体生长和坐果不利。

　　春季雄花芽开始膨大伸长，由褐变绿，从基部向顶部逐渐膨大。经 6 ～ 8 天，花序开始伸长，基部小花开始分离，萼片开裂并能看到绿色花药；6 天后花序伸长生长停止，花药由绿变黄；1 ～ 2 天后雄花开始散粉，散粉结束花序变黑而干枯。散粉期遇低温、阴雨、大风天气，对自然授粉极为不利，宜进行人工辅助授粉，以增加坐果和产量。图 16 示雄花序的发育过程。

图 15　核桃雄花序

图 16　核桃雄花序的发育过程

（二）雌花

雌花序穗状，小花 2～6 朵，多可达 30 朵，通常多为 2 朵。雌花长约 1 厘米，宽 0.5 厘米左右，柱头 2 裂，成熟时反卷，常有黏液分泌物；子房 1 室；在果实发育中胚珠基部向 4 个方向发育的 4 团细胞，将幼胚子叶隔成 4 瓣。

春季混合芽萌发后，结果枝伸长生长，在其顶端出现带有羽状柱头和子房的幼小雌花，5～8 天后子房逐渐膨大，柱头开始向两侧张开；此后，经 4～5 天，柱头向两侧呈倒"八"字形开张，柱头上部有不规则突起，并分泌出较多、具有光泽的黏状物，称为盛花期（图 17）。此期接受花粉能力最强，是人工

图 17　核桃雌花的发育过程

17

授粉的最佳时期。4～5天以后,柱头分泌物开始干涸,柱头反卷,称为末花期。此时授粉效果较差。盛花期的长短,与气候条件有着密切的关系。大风、干旱、高温天气,盛花期缩短,潮湿、低温天气可延长盛花期。但雌花开花期温度过低,常使雌花受害而早期脱落,造成减产。有些早实核桃品种有二次开花现象(图18)。

图18　二次开花

(三)雌雄异熟

核桃为雌雄同株异花植物,在同一株树上雌花与雄花的开花和散粉时间常常不能相遇,称为雌雄异熟(图19)。在核桃生产中有3种表现类型:雌花先于雄花开放,称为雌先型;雄花先于雌花开放,称为雄先型;雌雄花同时开放,称为同熟型。一般雌先型和雄先型较为常见,自然界中,两种开花类型的比例约各占50%,但在现有优良品种中雄先型居多。据张志华等(1996)研究表明,核桃雌雄异熟特性是一种稳定的遗传特性。为利于授粉和坐果,核桃栽培和生产中,常选择能够相互提供授粉机会的2～4个品种进行栽植。

雌先型

雄先型

图19　核桃雌雄异熟现象

六、坐果

核桃属风媒花，需借助自然风力进行传粉和授粉。核桃雌花属湿柱头，表面产生大量分泌物，有利于接受和滞留花粉粒，并为花粉粒萌发和花粉管生长提供必要的营养物质。测定花粉生活力，可用 10%蔗糖加 1%的琼脂，再加 200 微克／克硼酸制成培养基，将核桃花粉粒放在该培养基上，保持 25 ～ 30℃，约经 18 小时，测定发芽率。

核桃花粉落到雌花柱头上，经过花粉萌发，进入子房完成受精到果实开始发育的过程称为坐果。据观察，授粉后约 4 小时，柱头上的花粉粒萌发并长出花粉管进入柱头，16 小时后可进入子房内，36 小时达到胚囊，36 小时左右完成双受精过程。核桃坐果率一般为 40%～ 80%，自花授粉坐果率较低，异花授粉坐果率较高。研究表明，进行人工辅助授粉可提高核桃坐果率 15%～ 30%。从授粉时间看，雌花开放后 1 ～ 5 天内，羽状柱头分泌黏液多，柱头接受花粉能力最强。以上午 9 ～ 10 时、下午 3 ～ 4 时授粉效果最好。

核桃存在孤雌生殖现象。近年来，关于核桃孤雌生殖国内外均有报道，但孤雌生殖能力因品种和年份不同有所差异。

七、落花落果

（一）特点

在核桃果实快速生长期间，落果现象比较普遍，多数品种落花较轻，落果较重，主要集中在柱头干枯后 30 ～ 40 天，即"生理落果"。河北农业大学试验结果表明，核桃成龄树 1 年中有 3 次落果。但不同立地条件和实生单株，落果情况差别很大，多者可达 50%～ 60%，少者不足 10%。在同样条件下，早实核桃落果率高于晚实核桃，但早实核桃品间落果情况也有差异，高者达 80%，低者 10%左右。

（二）原因

核桃落果原因主要是授粉受精不良、花期低温、树体营养积累不足及病虫害等。

1.授粉受精不良 核桃不仅是异花授粉植物，而且具有雌雄同株异花的特点。由于雌雄异花，存在雌雄花不能同时开放的雌雄异熟现象，必然影响到核桃的授粉、受精与坐果。核桃雄花序的花粉虽多，但寿命很短。据试验，核桃花粉室外生活力仅5天左右，刚散出的花粉发芽率90%，1天后降低到70%，第六天全部丧失生活力。在2～5℃贮藏条件下，花粉生活力可维持10～15天，20天后全部丧失生活力。

核桃雄花属风媒花，需借助风力进行传粉和授粉。由于花粉粒较大，传播距离相对较短。测定表明，距核桃树150米能捕捉到花粉粒，300米处花粉粒很少。此外，花期不良的气候条件（如低温、降雨、大风、霜冻等），都会影响雄花散粉和雌花授粉受精，降低核桃的坐果率。

2.营养积累不足 营养不足是导致核桃大量落果的重要原因。一方面是由于前一年树体积累的贮藏营养较少，另一方面是由枝叶生长对养分的竞争所致。在加强前一年肥水管理提高树体贮藏营养的基础上，春季及时追肥或叶面喷肥补充树体的营养，结合修剪进一步调节果实与枝叶生长发育对养分的竞争，可提高核桃的坐果率。

八、果实

（一）果实发育

核桃果实（图20）由苞片、花被及子房共同发育而成，果皮由外、中、内三部分组成，外果皮较薄，中果皮肉质，二者组成青皮，而内果皮形成坚硬的壳，内含一粒种子。核桃果实的发育是指从雌花柱头枯萎到青皮变黄并开裂这一整个发育过程，称为果实发育期。这一发育过程,需要经过一个快速生长期和一个缓慢生长期。

快速生长期在 5 月中下旬到 6 月中旬，果实生长量约占全年生长量的 85%，1 天内平均生长量 1 毫米以上；缓慢生长期在 6 月下旬到 8 月上旬，果实生长量约占全年生长量的 15%。从果实整体发育看，大体可分为 3 个发育时期，即：①果实速长期；②果壳硬化期（硬核期），北方在 6 月下旬，绿皮内果核从基部向顶部变硬，种仁从浆糊状变为嫩仁，果实大小基本定型，生长量很小；③种仁充实期，从硬核期到果实成熟，果实略有增长，到 8 月上旬停止增长。此时果实已达到品种应有大小，果实内淀粉、糖、脂肪等有机物成分不断变化，脂肪主要是在果实发育后期形成和积累的。为了生产优质核桃坚果和提高产量，应适期采收，禁止过早采收。

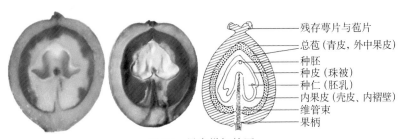

图 20　果实纵切简图

（二）果实成熟

核桃生理成熟的标志是内部营养物质积累和转化基本完成，淀粉、脂肪、蛋白质等呈不溶状态，含水量少，胚等器官发育充实，内部生理活动微弱，酶活性较低。核桃成熟的外部形态特征是青皮由深绿色、绿色，逐渐变为黄绿色或浅黄色，容易剥离（图 21）。一般认为 80% 果实青皮出现裂缝时为采收适期。从坚果内部来看，当内隔膜变为棕色时为核仁成熟期，此时采摘种仁的质量最好。核桃从坐果到果实成熟需 130～140 天。不同地区、不同品种核桃的成熟期不同。北方地区的核桃多在 9 月上中旬成熟，南方地区稍早些。早熟品种 8 月上旬即可成熟，早熟和晚熟品种的成熟期可相差 10～25 天。

果实变黄

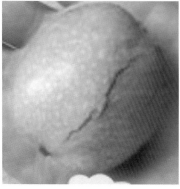

开裂

青皮易剥离

图21　果实成熟的标志

一、秋冬季修剪方法

（一）短截

把一个枝条剪短称短剪，或者称短截、剪截。短剪作用是促进分枝和新梢生长（图22）。通过短截，改变了剪口芽的顶端优势，剪口芽部位新梢生长旺盛，能促进分枝，提高成枝力，是幼树阶段培养树形的主要方法。

图22　短截及其反应

（二）疏枝

疏枝（图23）是把枝条从基部剪除，由于疏剪去除了部分枝条，改善了光照，相对增加了营养分配，有利于留下枝条的生长及组织成熟。疏除的对象主要是干枯枝、病虫枝、交叉枝、重叠枝及过密枝等。

图23　疏枝

（三）回缩

多年生枝条修剪到健壮或角度合适的分枝处，将以上枝条全部剪去的方法叫缩剪，也称回缩或压缩（图24）。

图24　回缩

（四）缓放

即对枝条不进行任何剪截，也称缓放（图25）。通过缓放，使

枝条生长势缓和，停止生长早，有利于营养积累和花芽分化，同时可促发短枝。

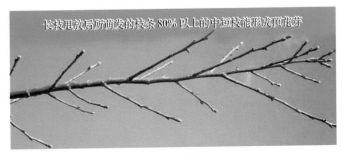

长枝甩放后所萌发的枝条 80% 以上的中短枝能形成顶花芽

图25　缓放

（五）开张角度

通过撑、拉、拽等方法加大枝条角度，缓和生长势，是幼树整形期间调节各主枝生长势和培养结果枝组的常用方法。开张角度是核桃树整形修剪的重要前提，各类树形、各类骨干枝的培养首先是在合适的角度前提下进行的，是同步进行的。目前在生产上看到的多为放任树形，几乎没有一个树形和骨干枝是合理的。因此，学习整形修剪首先要懂得开角的必要性和重要性。正确地开张好骨干枝角度是培养好树形的前提和基础，可以事半功倍，提高效率。以下几种方法是最常见的，有些方法的理念是新颖的。

1. 抠除竞争芽　强旺中心干或主枝在选留延长头时，首先选择一个饱满芽作顶芽，留2厘米保护桩剪截，然后抠除第二、第三个竞争芽，使留下的延长头顶芽具有顶端优势，起到带头作用，使下部抽生的枝条均匀，角度更加开张和理想，既节约了养分又使骨干枝更加牢固，同时减少了伤口，这个新的开角方法是从多年试验中获得的，是一个重要的创新，其作用与影响重大而深远。在骨干枝培养方面多使用扣除竞争芽方法可以取得理想的效果（图26）。

2. 顶芽留外芽做延长头　主枝延长头留外芽（图27）可有效利用核桃树背后枝（芽）强的习性，培养主枝，延长头连续留外芽可培养出理想的主枝角度，即 75°～80°。如果延长头大于80°要及时抬高梢角，使之保持旺盛的生长势。

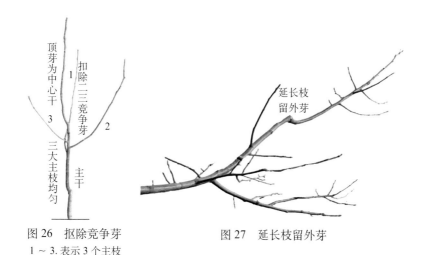

图 26　抠除竞争芽
1～3. 表示 3 个主枝

图 27　延长枝留外芽

　　3. 捺枝　对于树冠内除骨干枝以外的各类角度不合适的枝条进行捺枝（图 28），使之达到需要开张的角度。由于捺枝改变了极性生长的特性，或者说降低了顶端优势，起到了长放的作用，从而形成了结果枝组。捺枝的角度可达到 100°以上。

图 28　捺枝

　　4. 撑枝、拉枝、吊枝　对于相对直立的骨干枝或者大型结果枝组开张角度，可以采用撑、拉、吊的方法达到目的（图 29）。方法不同使用的时间也有所不同，适用的条件也不同，以最方便、最省力、效果最佳为目的。一般在生长季节开张角度省力、效果佳。可撑、可拉、可吊。撑枝一般对 3～4 年生的枝条最合适，既不费力，又容易达到效果；拉也可以，但较费工，需要在地面固定木桩，有时候影响间作物的耕作等管理。拉枝要选择好着力点，否则会变为弓形枝，在拉枝的时候正确选择着力点非常重要；吊枝可对 2～3 年生枝条使用，效果较好。采用市场上买菜用的塑料袋即可，选择好合适的位置，装土后将土袋挂在树上即可，但此方法在风大的地区不宜采用，易造成风折。

图 29　撑、拉、吊的方法开张角度
1. 撑枝开角　2. 拉枝开角　3. 吊土袋开角

二、几种枝的处理

（一）背后枝

背后枝（图 30）多着生在骨干枝先端背下，春季萌发早，生长旺盛，竞争力强，容易使原枝头变弱而形成"倒拉"现象，甚至造成原枝头枯死。处理的方法一般是在萌芽后或枝条伸长初期剪除。如果原母枝变弱或分枝角度较小，可利用背下枝代替原枝头，将原枝头剪除或培养成结果枝组。

图 30　背后枝的处理

（二）徒长枝

徒长枝（图 31）多是由于隐芽受刺激而萌发的直立的不充实的枝条。一般着生在树冠内膛中心干上或主枝上，应当及时疏除，以免干扰树形结构。处理方法：如果周围枝条少，空间大，则可以通过夏季摘心或短截和春季短截等方法，将其培养成结果枝组，以充实树冠空间，增加或更新衰弱的结果枝组。如果枝条较多，不需要保留就尽快疏除。老树则可以根据需要培养成骨干枝，即主枝或者侧枝，也可以是大型结果枝组。

图 31　徒长枝缓放后的效果

（三）二次枝

早实核桃结果后容易长出二次枝（图 32）。控制方法主要有：在骨干枝上，结果枝结果后抽生出来的二次枝选留一个角度合适的作为延长头，其余全部及早疏除。因为多余的枝条会干扰树形结构，影响延长枝的生长；在结果枝组上形成的二次枝，抽生3个以上的二次枝，可在早期选留1～2个健壮的角度合适的枝，其余全部疏除。也可在夏季，对于选留的二次枝，进行摘心，以控制生长，促进分枝增粗，健壮发育，或者在冬季进行短截。

图32　二次枝

三、春季刻芽促枝

核桃的壮旺的长枝甩放后萌芽成枝力很强，80%以上的中短枝会形成顶花芽。苹果树上的刻芽技术在核桃树上应用效果也非常好，在顶芽开始萌动时对生长健壮的长枝缓放，并对部分两侧及背上芽进行刻芽（图33），能明显提高该枝条的萌芽率和成枝力，对增加前期枝量和花量效果明显，在芽上方1厘米左右用钢锯条锯或刀子刻一下，这个芽就会长出枝条。刻芽（图34）要求锯口不超过枝条半周，否则树皮易刻断，且不能伤及木质部，刻得太深，遇到大风会使枝条折断。一般隔3～5个节刻一个芽即可。

图 33　顶芽开始萌动时刻芽　　　　图 34　刻芽

四、夏季修剪方法

（一）短截促枝

在南方可在生长季短截（图 35），能增加前期发枝量，短截的最好时间在 5 月底至 6 月上旬（外围新稍长到 1 米左右时）进行，选择外围生长旺盛的营养枝，剪除枝条长度的 1/3，一般情况

图 35　短截

下可萌发 2 ～ 4 个枝条（图 36），过轻和过重，只能萌发 1 ～ 2 个子枝。短截过早，出枝较少；短截过晚，新枝生长不充实不利于成花。

短截处

图 36　短截后出枝

（二）摘心促花

摘心促花技术应用在 3 ～ 4 年生的幼树上效果非常理想，南北各地均可使用。对当年生枝条进行摘心能够促进枝条老熟，在北方地区有利于过冬防寒，在南方地区有利于控制旺长，通过连续摘心还能促进侧芽形成花芽，促进幼树早结果早丰产（图 37）。摘心的技术要点：第一次摘心时间在 5 月底至 6 月上旬，待新梢长到 80 ～ 100 厘米（南方地区可适当长一点，北方地区可适当短一点）左右进行。只摘掉枝条的嫩尖（图 38、图 39、图 40、图 41），待摘心后的枝条又长出新的二次枝后，将新长的二次枝留 2 ～ 3 个叶片进行第二次摘心（图 42）。以此类推，一般情况北方地区需

摘心1～3次，南方地区摘1～4次，便能很好地抑制核桃的秋梢生长，并能促进侧芽分化形成花芽（图43）。

清香核桃长枝通过摘心可以促进侧芽成花，第二年与早实核桃一样串状结果

图37　清香核桃摘心后侧芽成花第二年结果状

图38　摘心1

摘心处

图39　摘心2

33

图 40　摘心 3

第一次摘心处

图 41　摘心 4

第二次摘心处

图 42　摘心效果 1

第一次摘心处

摘心处

图 43　摘心效果 2

摘心后侧芽成花

摘心要注意只摘当年生的长枝，不摘中短枝。摘心的目的就是让春梢健壮生长，抑制夏梢和秋梢的生长。对于5月底至6月上旬停止生长的中、长枝条到6月下旬又开始抽生夏梢的（图44），可以将其萌动生长的顶芽掰掉（图45），也可以等新梢到10～15厘米时留2～3个叶片摘心（图46）。对于中短枝不要摘心，一般情况下晚实核桃中短枝的顶芽会形成花芽，摘心后会破坏掉顶花芽。

图44　抽生夏梢

图45　掰除夏梢

图46　留2～3个叶片摘心

（三）拉枝开角

对骨干枝及时开张角度，能够缓和树势，使树体通风透光，利于花芽形成。小冠疏层形骨干枝的分枝角度在 70°～80° 为好（图 47）；主干形或纺锤形骨干枝的分枝角度应在 80°～90°（图 48）；开心形的分枝角度应在 50°～60°（图 49）。主枝开张角度应从幼树开始，拉枝时要注意不要拉成弓弯或下垂（图 50）。在骨干枝上的当年生长枝拉平后结合摘心能够抑制其生长，促进侧芽成花。图 51 示正确的拉枝方法。

主干

主枝

主枝与主干
夹角 70°～80°

图 47　开张角度 70°～80°

80°～90°

图 48　开张角度 80°～90°

开心形的分枝角度应在 50°～60° 之间为宜

基角可以 小一些

图 49　开张角度 50°～60°

拉成下垂和弓弯不正确

图 50　错误的拉枝方法

彩图版核桃整形修剪七日通

正确的拉枝方法

图51　正确的拉枝方法

幼树的整形修剪工作非常重要，也是获得优质丰产高效栽培中的一项重要技术措施。正确的整形修剪可以形成良好的树体结构和丰产的树形，调整生长和结果的关系，实现早果、丰产、高效的栽培要求。核桃的树形主要有自由纺锤形、主干疏散分层形和自然开心形。各树形的整形和修剪要点如下：

一、自由纺锤形

（一）树形结构

自由纺锤形（图52）树形结构特点是：树干高80～100厘米，树体高3.5～4.5米，中心主枝永保优势地位，其上分年选

图52　自由纺锤形

留不分层次的 10 ～ 14 个小主枝，不分侧枝。小主枝上着生结果枝组，下部主枝略大于上部主枝，小主枝与中心主枝间保持在 85°～ 90°，以缓和树势，控制旺长，促进分枝，增多结果枝。适于中度密植栽培。

（二）整形过程

定植的嫁接苗第一年在 80 ～ 100 厘米处定干。春季萌芽后生长至 20 厘米左右从中选留一个健壮新梢作为中心主枝培养，疏除其他枝条。中心主枝长到 1.5 米左右摘心控长，以利充实枝芽，培养优势中心主枝（图 53）。

图 53　定干及第二年的生长反应

定植后第二年，在中心主枝上选留 5 ～ 6 个芽短截，作为整形留枝带，抹除其他萌芽。当年 7 月下旬至 8 月上旬从选留枝中留顶端枝继续延伸，作为中心主枝培养，其他分枝选 2 ～ 3 枝撑拉角度达 80°～ 90°，作为小主枝培养。

第三年中心主枝延长枝保留 70 ～ 90 厘米短截。从上一年拉平的分枝中选 3 ～ 4 个长势良好、分布均匀、角度适宜的分枝作为小主枝，同时疏除无用枝、密挤枝。当年 5 月上旬至 6 月初喷施 15% 多效唑 150 ～ 200 倍液 2 ～ 3 次，控制新梢旺长，增加中短枝。6 ～ 8 月采用拉枝或拧枝等方法，维持小主枝分枝角度，防止枝头返旺抢头。其他保留枝条全部拉角至 90°。

第四年中心主枝延长枝留 70 ～ 80 厘米短截，从下部上一年拉角的枝条中选 2 ～ 3 个符合要求的枝培养成小主枝，疏除中心主枝和小主枝上的竞争枝、密集枝、重叠枝。新梢速长期喷 15% 多效唑 150 ～ 200 倍液 2 ～ 3 次。继续调整和维持小主枝分枝角度，防止腰角和梢角变小。同时，在中心主枝上选留 3 ～ 4 个适宜分枝并撑拉角度，作为小主枝培养。疏除无用枝、竞争枝和萌蘖枝。

第五年中心主枝延长枝保留 70 ～ 90 厘米短截。从上一年拉平的枝条中选留 2 ～ 3 个符合要求的枝条，作为小主枝培养，其他无用枝疏除。同时调整小主枝在中心主枝上的分布，调控树势，维持分枝角度。疏除无用枝、密集枝、竞争枝。当树高达 3.5 ～ 4.5 米，小主枝数量达 10 ～ 14 个时树冠顶部落头开心。

图 54 示自由纺锤形整形过程。

图 54　自由纺锤形整形过程

（三）修剪

①始终注意利用冬夏结合修剪方法培养优势健壮的中心主枝，是自由纺锤形形成的关键。防止小主枝生长过强过粗。

②撑拉小主枝与中心主枝之间达到85°～90°是保持中心主枝优势地位和控制小主枝旺长、促进分枝及混合芽形成的基础。

③小主枝是形成中短枝和结果枝组的主要部位，应通过多种方法保持其生长中庸和健壮，避免枝头短截促旺。

④夏季修剪为主，冬季修剪为辅。夏季修剪以拉枝控旺促分枝为主要目的，冬季修剪以调整树体骨架，防止主枝腰角、梢角变小为主要目的。

⑤防止行间和株内枝叶郁闭、通风透光不良，及时疏除枝头的竞争枝、中心干和小主枝上的密集枝和重叠枝。

二、主干疏散分层形整形和修剪

（一）树形结构

晚实核桃干性强、长势旺、成枝少、喜阳光，适宜主干疏散分层形树体结构（图55）。该树形主要特点是有强壮明显的中心主枝，其上分2～3层着生5～7个主枝，每主枝分年选留2～3个侧枝，培养成树体较大、层间明显、透光良好的半圆形树形。适用于立地环境和管理水平较好的园区。

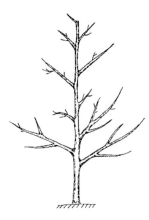

图55　主干疏散分层形

（二）整形过程

主干疏散分层形的整形过程如下（图56）：定植后，定干高度80～120厘米，依具体情况选定。定干高度以上选留第一层水平分布均匀的3个分枝为主枝，开张角度60°～70°，顶部枝条作为中心主干延长枝培养。待中心主枝上第一层最上主枝生长到120厘米左右时，选留第二层主枝2～3个，第一层和第二层主枝间距80～100厘米。同年在第一层主枝上选留侧枝。中心主枝上第二层主枝以上生长120～150厘米时，选留第三层主枝1～2个，第二和第三层主枝间距130～150厘米，同年在第二层主枝上选留侧枝。第三层主枝选留后落头封顶。

图56　主干疏散分层形的整形过程

（三）修剪

①培养强壮优势的中心主枝。

②缓放主侧枝和控制壮旺枝。

③春季萌芽前，在缓放枝中部饱满芽上方刻芽，促进分枝，但勿伤及木质部。

④新梢生长达80～100厘米（5月下旬至6月上旬）时摘心，10天后顶端二次生长达10厘米左右，保留2～3片叶再次摘心。

北方摘心 2 ～ 3 次，南方摘心 2 ～ 4 次，可有效抑制新梢旺长和秋梢发生，且能促进侧枝混合芽分化。对 50 厘米以下的中短枝和弱枝甩放不剪。

⑤全年进行主侧枝开张角度，缓和树势和枝势，增加树冠内膛光照。主侧枝的拉枝角度应达 85°～ 90°，不宜过大。拉枝开角与新梢摘心配合实施，控旺促花效果更好。

⑥培养结果枝组利用主侧枝上发生的辅养枝和 2 ～ 3 年生枝条，采用去强留弱、改变枝向和刻芽促分枝等方法，逐步培养成大小不等的结果枝组。

⑦剪除外围和内膛的拥挤、遮光、重叠交叉及病虫害枝，减少营养浪费并改善通风透光条件。

三、自然开心形整形和修剪

（一）树形结构

自然开心形树形（图 57）的主要特点是无中心主枝，主枝呈自然开张状态，全树有 3 ～ 4 个主枝均匀错落着生于主干的上端。优点是成形较快，透光良好，成花结果较早。适于立地条件较差、

图 57　自然开心形

肥水不足、生长势较弱的情况下应用。

（二）整形过程

自然开心形的整形过程（图58）：通常定干高度80～100厘米，在整形带内选择分布均匀的2～4个分枝作为主枝，各主枝间距离30～40厘米上下错落着生。可以一年选定也可分两年选定，主枝与中心主枝夹角保持70°～80°。每主枝上选留侧生或背斜侧枝2～3个，错落着生，不留背上或下垂侧枝。基部第一侧枝距中心干50厘米以上。此后，在侧枝上逐年选留位置合适，生长中庸的中长枝培养结果枝组。

图58　自然开心形的整形过程

（三）修剪

①培养健壮主枝和侧枝骨架，为优质、丰产奠定基础。

②控制背上枝和向上徒长枝旺长，以防影响主枝和侧枝生长，扰乱树形。

③防止背后枝旺长，削弱主枝、侧枝和延长枝生长。无保留价值者应尽早剪除，如果需要可用刻伤、扭梢等措施，改变枝向、削弱长势，逐步改造成结果枝组。

四、早实核桃品种的整形修剪

（一）整形

早实核桃品种由于侧花芽结果能力强，侧芽萌芽率高，成枝率低，常采用无主干的自然开心形，但在稀植条件下也可以培养成具主干的疏散分层形或自然圆头形树形。

（二）修剪

早实核桃品种分枝多，常常发生二次枝，生长快，成形早，结果多，易早衰。幼年健壮时，枝条直且多，造成树冠紊乱。衰弱时枝条易干枯死亡。在修剪上除培养好主枝、侧枝，维持好树形外，还应该控制二次枝和利用二次枝，疏除过密枝，处理好背下枝（图 59 示早实核桃辽宁 1 号修剪前后）。

修剪前　　　　　　　　　　　　修剪后

图 59　早实核桃辽宁 1 号修剪前后

五、晚实核桃品种的整形整剪

（一）整形

晚实核桃由于侧花芽结果能力差，侧芽萌芽率低，成枝力高，常采用具有主干的疏散分层形或自然圆头形，层间距较早实核桃大，一般为 1.5 ～ 2.0 米。但在个别地方立地条件较差的情况下也可以培养成无主干的自然开心形。

（二）修剪

晚实核桃品种的修剪较早实品种重（图 60）。晚实品种一般没有二次枝生长，条件好的一年生枝可以长到 2 米以上，条件不好则只能长到 50 厘米。为了培养成良好的树形，在修剪中一般多短截，促进分枝。当冠内枝条密度达到一定的程度时，对中、长枝才可缓放。前期主要是短截，扩大树冠的主侧枝需要留外芽壮芽短截，辅养枝、结果枝组也可短截带头枝，促进分枝，尽快使树体枝繁叶茂。进入结果盛期，修剪程度与早实核桃区别不大。老树更新同早实核桃，区别不大。

修剪前

修剪后

图 60　晚实核桃清香修剪前后

第五天

不同类型树体的修剪

一、幼龄树的修剪

（一）幼树和初结果树的修剪

核桃树在幼龄时期修剪（图61）的主要任务是继续培养主枝、侧枝，注意平衡树势，适当利用辅养枝早期结果，开始培养结果枝组等。主枝和侧枝的延长枝，在有空间的条件下，应继续留头延长生长，根据生长势和周围空间及骨干枝平衡情况，对延长枝中截或轻截即可。对于辅养枝应在有空间的情况下保留，逐渐改造成结果枝组，没有空间的情况下对其进行疏除，以利通风透光，尽量扩大结果部位。修剪时，一般要去强留弱，或先放后缩，放缩结合。对已影响主枝、侧枝生长的辅养枝，可以进行回缩或逐渐

图61 修剪后的核桃幼树

疏除，没有空间的及早疏除，以免造成大的伤口，为主枝、侧枝让路。有些辅养枝可以成为永久结果枝组，占据空间。

初果期树势旺盛，内膛易生徒长枝，容易扰乱树形，一般保留价值不大，应及早疏除，最好是经常检查，发现萌芽就抹除。如有空间可保留，晚实核桃可改变角度，用先放后缩法培养成结果枝组；早实核桃可改变角度用摘心或短截的方法促发分枝，然后回缩成结果枝组。

（二）二次枝和背后枝的处理

早实核桃易发生二次枝，对组织不充实和生长过多而造成郁闭者，应彻底疏除；对充实健壮并有空间保留者，可用摘心、短截、去弱留强的修剪方法，促其形成结果枝组，达到早期丰产的目的。

核桃的背后枝长势很强，晚实核桃的背下枝，其生长势比早实核桃更强。对于背后枝的处理，要根据基枝的着生情况而定。凡延长部位开张，长势正常的，应及早剪除；如延长部位势力弱或分枝角度较小，可利用背后枝换头。对放任树已经形成的背后枝可以回缩控制。

（三）结果枝组的培养

培养结果枝组主要是用先放后缩的方法。在早实核桃上，对生长旺盛的长枝，以甩放或轻剪为宜。修剪越轻，发枝量和果枝数越多，且二次枝数量减少。在晚实核桃上，常采用短截旺盛发育枝的方法增加分枝。但短截枝的数量不宜过多，一般为 1/3 左右，主要是骨干枝和水平枝、斜下枝的延长头，短截的长度，可根据发育枝的长短，进行中、轻度短截。

二、盛果期树的修剪

核桃树在盛果时期修剪的主要任务是调节生长与结果的平衡关系，不断改善树冠内的通风透光条件，加强结果枝组的培养与更新（图 62）。

修剪前

修剪后

图 62　盛果期树修剪前后的对比

（一）树形的调整

对于疏散分层形树，此期应逐年落头去顶，以解决上部光照问题。盛果期初期，各级主枝需继续扩大生长，此时应注意控制背后枝生长，保持原头生长势。当树冠枝展已扩展到计划大小时，可采用交替回缩换头的方法，控制枝头向外伸展。对于顶端下垂生长势衰弱的骨干枝，应重剪回缩更新复壮，留斜生向上的枝条当头，以抬高角度，集中营养，恢复枝条生长势。对于树冠的外围枝，由于多年伸长和分枝，常常密挤、交叉和重叠，应适当疏除和回缩。原则是疏弱留强，抬头向上。留出空间，打开光路。

（二）结果枝组的培养

随着树冠的不断扩大和枝量的不断增加，除继续加强对结果枝组的培养利用外，还应不断地进行复壮更新。对二、三年生的小枝组，可采用去弱留强的办法，不断扩大营养面积，增加结果枝数量。当生长到一定大小并占满空间时，则应去掉弱枝，保留中庸枝和强枝，促使形成较多、较强的结果母枝。对于已结过果的小枝组，可一次疏除，利用附近的大、中型枝组占据空间。对于中型枝组，应及时回缩更新，使枝组内的分枝交替结果，对长势过旺的枝条，可通过去强留弱等方法加以控制。对于大型枝组，要注意控制其高度和长度，防止"树上长树"。对于已无延伸能力或下部枝条过弱的大型枝组，可适当回缩，以维持其下部中、小枝组的稳定。

（三）各类枝的修剪

对于辅养枝，如果影响主枝、侧枝生长者，可视其影响程度，进行回缩或疏除，为其让路；辅养枝过于强旺时，可去强留弱或回缩至弱分枝处，控制其生长；长势中等，分枝较好又有空间者，可剪去枝头，改造成大、中型枝组，长期保留结果。

对于徒长枝，可视树冠内部枝条的分布情况而定。如枝条已很密挤，应直接剪去。如果其附近结果枝组已显衰弱，可利用徒长枝培养成结果枝组，以填补空间或更替衰弱的结果枝组。选留的徒长枝分枝后，可根据空间大小确定截留长度。为了促其提早分枝，可进行摘心或轻短截，以加速结果枝组的形成。

对于过密枝、重叠枝、交叉枝、细弱枝、病虫枝、干枯枝等，要及时疏除，以减少不必要的养分消耗和改善树冠内部的通风透光条件等。

三、衰老期树的修剪

老树主要是更新修剪（图 63、64）。随着树龄的增大，骨干枝逐渐枯萎,树冠变小,生长明显变弱,枝条生长量小,出现向心生长,结果能力显著下降。对这种老树需进行更新修剪,复壮树势。

修剪应采取抑前促后的方法,对各级骨干枝进行不同程度的回缩、抬高角度,防止下垂。枝组内应采用去弱留强、去老留新的修剪方法,疏除过多的雄花枝和枯死枝。

对于已经出现严重焦梢,或生长势极度衰弱的老树,可采用主枝或主干回缩的更新方法。一般锯掉主枝或主干的 1/5 ～ 1/3,使其重新形成树冠。老树地下肥水管理十分重要,但需与修剪配合才能达到好的效果。

修剪前 　　　　　　　　　　　修剪后

图 63　衰老期树的修剪前后对比

图 64　衰老期树修剪效果

四、放任树的修剪

（一）放任树的表现

①大枝过多，层次不清，枝条紊乱，从属关系不明。主枝多轮生、叠生、并生，第一层主枝常有 4～7 个，中心干弱。

②由于主枝延伸过长，先端密挤，基部秃裸，造成树冠郁闭，通风透光不良，内膛空虚，结果部位外移。

③结果枝细弱，连续结果能力降低，落果严重，坐果率一般只有 20%～30%，产量很低。

④衰老树外围焦梢，结实能力很低，甚至形不成花芽。从大枝的中下部萌生大量徒长枝，形成自然更新，重新构成树冠，连续几年产量很低。

（二）放任树的改造方法

（1）树形的改造　放任生长的树形多种多样，应本着"因树修剪、随枝作形"的原则，根据情况区别对待。中心干明显的树改造为主干疏层形，中心领导干很弱或无中心干的树改造为自然开心形。

（2）大枝的选留　大枝过多是一般放任生长树的主要矛盾，应该首先解决。修剪时要对树体进行全面分析，通盘考虑，重点疏除密挤的重叠枝、并生枝、交叉枝和病虫危害枝。主干疏层形留 5～7 个主枝，自然开心形可选留 3～4 主枝。为避免一次疏除大枝过多，可以对一部分交叉重叠的大枝先行回缩，分年处理。但实践证明，40～50 年生大树，只要不是疏除过多的大枝，一般不会影响树势。相反，由于减少了养分消耗，改善了光照，树势得以较快复壮。去掉一些大枝，当时显得空一些，但内膛枝组很快占满，实现立体结果。对于较旺的壮龄树，则应分年疏除，否则长势更旺。

（3）中型枝的处理　在大枝疏除后，总体上极大地改善了通风透光条件，为复壮树势充实内膛创造了条件，但在局部仍显得密挤。处理时要选留一定数量的侧枝，其余枝条采取疏间和回缩

相结合的方法。中型枝处理原则是大枝疏除较多，中型枝则少疏，否则要去掉的中型枝可一次疏除。

（4）外围枝的调整　对于冗长细弱枝、下垂枝，必须适度回缩，抬高角度。衰老树的外围枝大部分是中短果枝和雄花枝应适当疏间和回缩，用粗壮的枝带头。

（5）结果枝组的调整　当树体营养得到调整，通风透光条件得到改善后，结果枝组有了复壮的机会，这时应对结果枝组进行调整，其原则是根据树体结构、空间大小、枝组类型（大、中、小型）和枝组的生长势来确定。对于枝组过多的树，要选留生长健壮的枝组，疏除衰弱的树组。有空间的要让结果枝组继续发展，空间小的可适当回缩。

（6）内膛枝组的培养　利用内膛徒长枝进行改造。据调查，改造修剪后的大树内膛结实率可达 34.5%。改造结果树枝组常用两种方法：一是先放后缩，即对中庸徒长枝第一年缓放，第二年缩剪，将枝组引向两侧；二是先截后放，对中庸徒长枝先短截，促进分枝，然后再对分枝适当处理，第一年留 5 ～ 7 个芽重短截，疏除直立旺长枝，用斜弱枝当头缓放，促其成花结果。这种方法培养的枝组枝轴较多，结果能力强，寿命长。

（三）放任生长树的改造步骤

根据各地生产经验，放任树的改造大致可分 3 年完成（图65），以后可按常规修剪方法进行。

第一年：以疏除过多的大枝为主，从整体上解决树冠郁闭的问题，改善树体结构，复壮树势，占整个改造修剪量的 40% ～ 50%。

第二年：以调整外围枝和处理中型枝为主，这一年修剪量占 20% ～ 30%。

第三年：以结果枝组的整理复壮和培养内膛结果枝组为主，修剪量占 20% ～ 30%。

上述修剪量应根据立地条件、树龄、树势、枝量多少及时灵活掌握，不可千篇一律。各大、中、小枝的处理也必须全盘考虑，有机配合。

修剪前

修剪后

图 65　放任生长树的修剪前后对比

五、高接树整形和修剪

　　高接树整形修剪的目的是促进其尽快恢复树势、提高产量。高接树由于截去头部枝或大枝，当年就能抽生 3 ～ 6 个生长量均超过 60 厘米的大枝，有的枝长近 2 米，如不加以合理修剪，就会使枝条上的大量侧芽萌发，树冠紊乱。早实核桃品种易形成大量结果枝，结果后下部枝条枯死，难以形成延长枝，使树冠形成缓慢，不能尽快恢复树势，提高产量。高接树当年抽生的枝条较多，萌

芽多达几十个，需要及时抹芽定枝，将来需要作为骨干枝的新梢并有意培养，3～5天检查1次，随时修剪抹芽，选配好主枝、侧枝，以免浪费营养并造成伤口，做好高接后的前3个月的修剪工作非常重要。在秋末落叶前或翌年春发芽前，对选留做骨干枝的枝条(主枝、侧枝)，可在枝条的中、上部饱满芽处短截（选留长度以不超过60厘米为宜），以减少枝条数量，促进剪口下第1～3个枝条的生长。经过2～3年，利用砧木庞大的根系促使枝条旺盛生长，根据高接部位和嫁接头数，将高接树培养成有中央领导干的疏散分层形或开心形树形。一般单头高接的周围树，宜培养成疏散分层形；田间多头高接和单头高接部位较高的核桃树，宜培养成开心形。

高接树的骨干枝和枝组头一定要短截，如果不短截，将使一些早实品种第二年就开花结果，有些树结果几十个，甚至上百个。结果过早过多，影响树冠的恢复，造成树体衰弱，甚至植株死亡，达不到高接换优的目的。因此，高接后的早实品种核桃树两年内不要挂果，必须进行修剪并疏花疏果。待接口愈合90%后尚可大量结果；对于晚实品种的核桃树也一定要进行疏果并修剪，以促进其尽快恢复树势，为以后高产打下基础。

第六天

整形修剪与产量、品质和树势的关系

一、树形与产量的关系

（一）开心形树形与产量的关系

开心形树形是根据立地条件、品种和栽培技术而确定的。一般开心形树形的核桃园密度较大，亩*栽33～55株，成形快，结果早。因此，前期的产量增加快，如果标准化建园、精细化管理，第四年亩产可达20～40千克，6年可达50～100千克，8年可达100～150千克，最大产量可达200千克。密植园对于修剪技术的要求更加严格，修剪者必须懂得核桃园的全面管理，明白修剪与土肥水管理的协调性，即互补作用，单纯的修剪不能达到丰产、优质目的。就修剪而言，要严格按照丰产的数字化原理来安排或确定枝量及质量，同时解决好光照，才能达到优质、丰产、高效的栽培目的。

（二）疏散分层形树形与产量的关系

立地条件较好的地方，如平地、沟坝地，水肥条件好。可选择较丰产的品种，密度较小一些，一般亩栽22～33株。相对来讲，前期产量较低，因为单位面积的株数较少。但单株体积很快变大，初果期树包括中心干，可算为四大主枝，当形成第二层主

---

*亩为非法定计量单位，1亩约为667米²。——编者注

枝时，加上中心干的头，相当于六大主枝，也就是说，成形时的体积相当于开心形的 2 倍。因此，常说疏散分层形是高产的树形，要求对光照的考虑更严格。根据核桃树光照强度的理论，40%以下的区域将为无效区。所以层间距要大，叶幕层次分明，枝条的密度要合理，对修剪技术的要求较严格。从整体的枝量和质量控制，提高每一个结果枝的有效性。如果说开心形对修剪技术要求严格的话，是对于单层叶幕层内枝量的控制和光照最大化。而疏散分层形对修剪的要求更全面，此外，还要考虑层间距，即双层叶幕内枝量和质量的控制。该树形的产量后期要高于开心形。如修剪合理、肥水管理得当，采用疏散分层形的核桃园亩产量可达到 300千克以上，甚至更高。

二、密度与产量的关系

核桃园密度与产量的关系有两层意思，一是单位面积的栽植株数，二是枝条密度，枝条的密度决定叶幕的密度，并非单位体积内枝条越多越好，过多的枝条会增加叶片的数量，使局部郁闭影响光合作用，光能转化率不能达到最佳。因此，对于修剪人员来讲，首先是去掉无用枝，其次是占据空间，如株行距为 4 米 ×5米时，单株的直径最大是 4 米，那么两层叶幕的体积尽量圆满。

三、修剪与产量的关系

修剪与产量的关系是指修剪量与产量的关系。修剪量指剪掉枝条的数量和质量。剪什么枝条，剪多少枝条，留下什么枝条，形成什么树形最有利结果，有利提高坚果的质量，这就是技术的内涵。修剪是整个核桃园经营的一部分，修剪者来到核桃园首先要全面细致查看一番，了解该园管理的基础，要对核桃园（树）有个基本评价，提出修剪方案，征得园主同意后才能动手。修剪后预计秋季的产量是多少，树势会有什么变化，做到可持续发展。

（一）枝角与产量

我国核桃修剪虽然有较长的历史，但有关研究水平依然较低。在众多不同树龄的核桃园中，理想的树形不多，因为没有经过修剪，树形最大的问题是枝条的角度不合理。由于自然生长，90%以上的树大枝多且主枝直立。调查发现，丰产的树形大多开张，梢部与腰部的枝量丰满，质量均衡，光秃枝少。这样的树形、枝条角度是理想的。因此，对于修剪者来讲第一要素是开张角度，幼树期间首先要把主枝角度控制在75°～80°，极性强的品种（枝条硬度大）主枝角度控制在80°，较弱（枝条较软）的品种主枝角度控制在75°。

角度开张树形，光照条件好。调查发现，角度开张，大枝少，小枝多，即"大枝亮堂堂，小枝闹嚷嚷"。大枝少对光照的遮挡就少，同时也没有光秃枝，因为开张的主枝后部枝条也能生长较好。在相同体积内有效枝条多，光合强度大，光合效率高，产量就高。

（二）枝角与品质

主枝、侧枝枝角合理，结果母枝的数量多，质量均衡，开花的质量好，坐果后到成熟前的光照充足，光合效能好，碳水化合物多，因此品质也好。然而幼树期间果实的风味往往不如盛果期的好，原因在于成龄树能够反映品种的品质特性。在生长与结果平衡时，坚果的品质是最好的。角度直接反映出来的是生长优势，所以枝条角度直立，生长势旺，生长与结果不平衡，内膛的坚果品质就差。

四、修剪与树势的关系

核桃树修剪对树势有重要影响。首先是改变了光路和水路。剪掉一部分枝条就腾出一片空间，光线即可进入树体，改善了光照条件；剪掉一部分枝条就减少了对水分的消耗，从而对节省的水分进行了再分配，使留下的枝条得到更多的水分，这就是修剪对树势影响的根本原因。其次修剪减少了枝条的数量，但留下来

的枝条质量提高了，生长势增强了。如果修剪量太大，大砍大拉，伤口增多，树势反而削弱了。修剪对树势的影响也是辩证的。因此，修剪技术非常重要，应当高度重视，正确把握。

（一）树势评价体系

树势评价体系是非常重要，一个核桃修剪技术人员不懂如何评价树势，就不能够提出科学合理的修剪方案，即使是修剪也是盲目修剪，达不到修剪的最佳目的。

1. 立地条件与树势　立地条件好，树势较强。国外核桃园基本上都在平地建园，并且有灌溉条件。我国人多地少，土地利用率较高，尤其是核桃园，各种立地条件都有，这就增加了管理的难度和成本。立地条件好树势容易调节，因为较好的肥水可以增加树势，条件较差的地方，土壤贫瘠，缺乏肥水，一旦树势衰弱，很难恢复。因此，修剪技术人员应当充分考虑核桃园的立地条件，慎重下剪。

山地核桃园，修剪要轻，切忌造大伤口。除解决好通风透光外，适当疏除一些弱小枝即可。根据预测产量提出肥水管理方案，若肥水跟不上，则要疏花疏果，调整合理负载量，保持树势健壮。山地核桃园（立地条件较差）管理要把土肥水放在首位，其次再是修剪。基础管理搞好了，修剪会取得满意的效果。

2. 土肥水管理与树势　土肥水管理条件好，树势就强。修剪能够发挥最大效益，容易达到预期的效果。修剪者估计产量比较准确，留枝量和留果量容易掌握。土肥水管理条件差的核桃园树势普遍弱，尤其是进入盛果期后，肥水管理成为核桃园管理的主要矛盾。修剪主要是去掉无用枝，调整结果枝组，提高结果母枝的质量。总之，做好土肥水管理，树势才能保持强壮，才能多结果、结好果。

（二）伤口与树势

如果刮掉树皮，造成较大的伤口，树势肯定衰弱。因为树皮是树体水分、养分的通道，破坏了树皮就等于破坏了通道，树液流动慢，树势自然就弱。因此，从建园栽植开始，定干就要一步到位，不要中间改造，使主干直立，不造任何伤口。以后要经常检查，一旦发现有萌蘖，及时抹掉，能抹不剪；主枝尽量少造或不造伤口，使从根部吸收上来的水分能够很快输送到树体所有部位，也能够把光合产物迅速下运到根部，这样上下交流畅通树体生长就健壮。有修剪就有伤口，但修剪越早伤口就越小、越少。不需要的枝条及早疏除，特别要注意内膛枝和辅养枝，该除就除。大树主要是结果枝组的调整，基本不会造成大伤口，尤其不会造成骨干枝的大伤口。

（三）伤口保护

伤口出现后应当及时保护，以免造成不良后果（图66）。幼树期间是培养树形的时期，伤口处理不当会适得其反。主干造成伤口，极易形成小老树。盛果期树容易发生腐烂病，主干发病需要刮治，刮治即形成伤口。老树更新时必然会锯除大枝，形成较大的伤口。伤口保护处理不容忽视，是修剪管理中的重要环节（图67）。2厘米以下的伤口，修剪平滑即可，锋利的锯剪不会留下毛茬。2厘米以上的伤口必须用保护剂或油漆涂封，消灭病菌，防止水分蒸发，保证剪口芽正常萌发。较大的伤口涂抹甲硫萘乙酸杀菌促愈合。

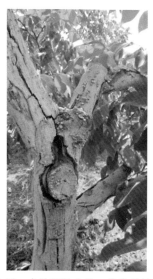

图66 未处理的大伤口发生枝枯病

图67 大伤口处理后产生愈伤组织

第七天

整形修剪中的几个问题

一、修剪原则

（一）主枝、侧枝与结果枝组的比例

管理较好的树，主枝、侧枝与结果枝组有一个合理的比例，既好看又实用，树体不仅看起来大枝明晰、小枝繁多，而且通风透光好、产量品质好、经济效益高。盛果期的三类枝的比例建议是 1 : 5 : 20（100 ~ 200 个新梢）。

开心形树形有三大主枝，15 个侧枝（含延长头），60 个结果枝组，有 400 ~ 600 个新梢。早实品种按果枝率 80% 计算，有结果枝 320 ~ 480 个。果枝平均结果按 1.5 个计算，可结果 480 ~ 720 个，每千克核桃按 100 个计算，单株产量为 4.8 ~ 7.2 千克。如果栽培密度为 4 米 ×5 米，亩栽 33 株，则亩产量为 158.4 ~ 237.6 千克。疏散分层形树有主枝 5 个，侧枝 25 个（含延长头），100 个结果枝组，有新梢 600 ~ 900 个。早实品种按果枝率 80% 计算，有结果枝 480 ~ 720 个。果枝平均结果按 1.5 个计算，可结果 720 ~ 1 080 个，每千克核桃按 100 个计算，单株产量为 7.2 ~ 10.8 千克。如果栽培密度为 4 米 ×5 米，亩栽 33 株，则亩产量为 237.6 ~ 356.4 千克。

核桃园栽培密度不同，品种不同，在各个年龄阶段结果枝的比例不同，果枝平均坐果量不同，产量也不同。围绕核桃园经营的目的，做好修剪等管理工作是一个修剪技术人员的基本职责。

（二）枝条（树冠）密度控制

核桃园枝条密度控制原则是前促后控。幼树期间适当多短截，促进尽快成形，增加枝量，以达到盛果期。盛果期前期，力争达到理想的主枝、侧枝与结果枝组的比例。从而达到丰产、稳产、优质、高效的目的。如果在盛果期缺乏合理的修剪，枝条的数量将会急剧增加，而枝条的质量有所下降，在肥水缺乏时，大量结果枝枯死，出现大小年现象，树势变弱。

根据各类枝条在树冠中的分布情况和光合效率的合理性，短枝的分布空间为 10～15 厘米，中枝的空间为 15～20 厘米，长枝的空间为 50 厘米。各类枝条的比例在不同年龄阶段不同。幼树期间中、长枝的比例较多，盛果初期中、短枝比例较多，老树短枝（群）比例较多。合理的枝类比例有利增强树势和持续丰产。

幼树期间，适当多短截，加快分枝，在开张角度的同时增加中短枝比例，盛果期维持中短枝的比例，老树及时回缩更新，提高短枝质量，保持一定数量的中短枝，可以达到延长经济寿命的目的。

（三）各级骨干枝的角度

各级骨干枝的角度在树形结构形成、树体生长势、产量和品种方面都非常重要。在修剪实践中得出的经验，请供参考。

1. **主干** 主干（中心干）与地面垂直，呈 90°，生长极性强。如果发现幼树主干倾斜，角度小于 90°或中部弯曲，要设立支柱调直。垂直的主干及中心干生长势最强。

2. **主枝**（角度与发生位置） 核桃树三大主枝的平角为 120°，可以合理占据空间。主枝发生的部位会影响中心干的生长势，即邻接着生会形成掐脖现象，抑制中心干的生长势。三大主枝临近着生，相互错开较合理。如果中心干的粗度大于主枝粗度的 50%以上，邻接着生的影响不大。主枝与中心干的角度，基角为 65°、腰角为 75°～80°、梢角为 70°是理想的角度。这种树形结构的体积最大，其内部的空间最大，可容纳较多的结果枝组，并且对光能的利用率高。

在生产中栽植大苗定干后，抠除竞争第二、三芽，使下部萌发的三大主枝的角度适合，大苗中心干的粗度是主枝的 1.5 ～ 2 倍，即使三大主枝有点邻接问题也不大。但是，如果中心干的粗度和主枝的粗度一样大，甚至中心干的粗度还没有主枝粗，那么，将来一定会出现下强上弱，最终成为开心形树形。

3. 侧枝　侧枝与主枝的夹角应为 45°左右，向背斜下侧延伸生长，占据空间，形成大型枝组。侧枝上的枝组互不干扰，枝组内的枝条可交替生长，去弱留强，保持旺盛的生长和结果能力。

（四）控制伤口原则

修剪就会造成伤口，而伤口的位置、大小和数量会直接影响树势，因此，在核桃树的整形修剪过程中必须高度重视伤口的控制。科学合理的修剪，既要培养出丰满的树形结构，又不能有影响树势的伤口。相反，修剪不当，不仅会造成大量伤口，伤口愈合困难，还直接影响将来的结果和树体的寿命。以下分别提出控制伤口的基本原则。

1. 部位　在主干上一般不造成伤口，主干上的伤口对树势影响最大。伤口的数量和面积越大对树势影响越大。要尽量避免在主干上造成伤口，特别是较大的伤口。预防主干伤口的发生要注意两点，一是栽植大苗，可直接选择光滑通直的树定干，然后一次性留出第一层主枝。如果在主干部位发现萌蘖，及时抹掉。二是如果栽植苗木较小，可在基部接口以上 2 ～ 3 个芽处截干，留出保护桩。待萌芽后长成大苗，下一年再定干。主枝上一般也不留伤口，伤口对树势的影响仅次于主干。因此，主枝上的伤口也要及时控制，背上枝及早疏除，背下枝及时控制或疏除，根据树形培养步骤，随时疏除多余枝条。中心干上的分枝，要及时控制。至选留第二层主枝前，在层间距部位可留 2 ～ 3 个中、小型结果枝组，严格控制大小，以免造成冠内郁闭。多余枝组及时疏除，不要造成伤口。在整形修剪期间经常循环检查，及时修剪。在 5 ～ 6

月生长高峰期每周检查一遍，发现位置不合适的枝条及时抹掉或疏除。

2．**面积和数量**　在整形修剪中尽量不造伤口，或少造伤口。万一需要处理枝条，造成伤口，也要考虑伤口的位置和面积。主干上的伤口直径不要超过主干粗度的1/3，数量不超过1个；主枝上的伤口直径不要超过主枝粗度的1/4，数量不超过2个。新伤口须及时消毒处理，超过2厘米的伤口还必须用封口剂保护。

（五）提高资源利用效率

1．**地下部肥水资源的利用**　建立核桃园应充分利用地下肥水资源。资源利用是否充分，与前期栽植密度、树体生长和修剪管理有一定的关系。稀植的核桃园，地下肥水有所浪费；密植的核桃园，地下水肥供应不足；密度合适则可充分的利用地下的养分与水分。因此，适当密植和林下间作对于合理利用地下水分、养分具有重要意义。临时性密植也可在建园时考虑。从修剪的角度考虑，准确把握修剪原则，科学运用修剪方法，尽快扩大树体，是对地下肥水资源的最好利用。

2．**地上部光热、空气资源的利用**　同样，新建核桃园对地上部光热、空气资源也会有效利用。修剪对顶部光照的利用非常重要，修剪好的树体，通风透光好，顶部和外部枝条的密度合理，光照可以透过树体，在不同部位可达到最佳光能利用。修剪不到位的核桃园，外部郁闭，在树冠内部无有效光照，中部无效空间就较大，这样就浪费了光热资源。同样的密度，不能产生相应的光合产物，影响了核桃园经营效益。

3．**土地资源的利用**　土地资源的利用与核桃园的栽植密度密切相关。土地资源利用率密植园大于稀植园，生长快的核桃园大于生长慢的核桃园，树体高大的核桃园大于较小树体的核桃园。核桃园的经营比小麦、玉米农作物的经营对土地资源的利用率高，是由于根系的庞大。核桃树的主根深达3米以上，冠径可达10米以上，而农作物的根系分布范围仅20～30厘米。修剪管理好，树体发育快，根系分布又深又广，会尽快利用土壤资源获得经济收益。

二、枝量

枝量是指一棵树上枝条的总数。枝条太多会郁闭，影响光合作用。枝条太少果枝率少，又会影响产量。最佳的枝量是该品种产量最高、质量最好时的数量。枝量多少要靠长期从事修剪和栽培活动的经验来掌握。一般管理较好的 5～6 年生早实核桃，单株应保留枝条 150～200 个（约 3 千克产量），肥水管理和修剪较差的应保留枝条 80～120 个（约 2 千克产量）；8～10 年生的树，应保留枝条 400～500 个（约 8 千克产量）；10～15 年生的树应保留枝条 600～800 个（约 16 千克产量）。不同类型核桃树的枝量与产量、品质有密切关系。

三、结果枝组的培养

结果枝组是核桃树体结构的重要组成部分。它可以着生在中心干上，也可着生在主枝、侧枝上。大大小小的各类枝组着生在各级骨干枝上，从而形成了丰满的树形结构，结果枝组是核桃树丰产的基础。科学栽培应从理论上弄清楚它们的位置、类型、结果能力和结果枝的演变过程。

（一）小型枝组

小型结果枝组由 10 个以下的新梢组成，母枝为多年生，独立着生在中心干、主枝或侧枝上，占据较小的空间，可生产较少的坚果。如果用产量来衡量的话，一个小型结果枝组的产量在 0.2 千克（20 个果实）以下。

（二）中型枝组

中型结果枝组由 10～20 个新梢组成，母枝为多年生，独立着生在中心干、主枝或侧枝上，占据一定的空间，可生产 0.5 千克（50 个果实）左右的坚果，是重要的结果部位。每个主枝上有 1～2

个中型结果枝组。

（三）大型枝组

大型结果枝组由 20 个以上的新梢组成，母枝为多年生，个别可作辅养枝着生在主枝基部或中心干上，多数着生在主、侧枝上，是重要结果部位。每个侧枝上有 1～2 个大型结果枝组。一个大型枝组可结果 1 千克（100 个果实）左右。一个侧枝也可以说是一个更大的结果枝组，可结果 1～1.5 千克。

四、生长期主要灾害及预防措施

（一）干旱

核桃树性喜湿润，抗旱力弱，土壤过度干旱会造成落花落果、叶片凋萎、减少营养物质的合成与积累。

春季雨水偏少空气干燥，夏季干旱少雨，高温暴晒、土壤缺水，会造成核桃体内水分亏缺，影响正常生理代谢和生长发育，严重时造成树体干枯甚至死亡（图 68）。

防范措施：①科学建园。选择背风向阳，排灌方便的山丘缓坡地，平地建立核桃园。在坡地上建园必须修筑好梯田撩壕等，做好水土保持工程；并做好山地核桃基地水利配套工程，建立水窖，在能开挖定植沟栽植的地块，应在定植沟内埋下滴管。②新栽植幼树的

图 68　五年生核桃树干旱致死状

抗旱措施。新栽植幼树根系少而弱，抗旱能力差，要提高苗木的成活率，抗旱保苗是关键。核桃苗栽植一般在立春前，在干旱严重的地方可在雨季栽植。栽植前剪去叶片，挖起苗后在阴雨天及时栽种，成活率高。在旱季栽植，定植时每株浇 50 ～ 80 升定根水，并覆盖 1 块 1 米^{2}的农用地膜，膜中心剪成直径 6 厘米左右的小孔，苗干由其中穿过，落地后小孔用土盖上，膜四周埋入地表土以下。种植后当发现有旱情时要及时灌水；之后每年视土壤干旱程度，特别是在冬春干旱和初夏干旱时期，适时灌水，防止干旱死苗。③结果树的抗旱管理。常有冬春连旱、初夏干旱的特点，适时灌水，有利于核桃树正常开花结果，提高产量和质量。浇灌水时期一般有 2 个，一个时期是在 3 ～ 4 月，此期核桃树开始发芽、抽枝、展叶、开花，对水的需求量较大，此时如果雨季开始迟，出现干旱，需及时浇灌水。另一个时期为 6 月上中旬，麦收时期易发生干热风。灌水按照方便、实用、节约用水的原则，一般在有水源的地方用管道引水浇灌；在没有水源的地方，则用人、畜运水浇灌。

（二）洪涝

核桃树对地表积水和地下水位较敏感，幼壮树如遇前期干旱和后期多雨的气候易引起徒长，导致越冬后抽条干梢。较长时间降水会造成低洼地积水，使核桃树生长发育不良，影响产量（图 69）。

防御措施：①对于完全被洪水冲毁恢复无望的核桃种植基地，可以对土地进行适当整理，为当年补苗打下基础；如果立地条件不适合发展核桃，也可以考虑改种其他作物。②及时排水。雨后要及时疏通渠道，排出积水，并将树盘周围 1 米内的淤泥清理出园，修好树盘；对水淹严重的要及时进行修剪，去叶（干枯叶及失水严重的叶）去果，减少蒸腾量，并清除果园内的落叶落果；对水淹较重短时间内又不能及时清理淤泥的果园，要在行间挖排水沟，以降低地下水位，使果园土壤保持最大程度的通气状态。③晾晒树根。要扒开树盘周围的土壤晾晒树根，可使水分尽快蒸发，等经历 3 个晴好天气后再覆土。对积水时间长，叶片干枯脱落严重的，树干用 1：10 的石灰水刷白，防止太阳暴晒，造成树皮开裂失水。④中耕晒土。当土壤干后，抓紧时间中耕。中耕时要适当增加深度，将土块捣碎。中耕深度为 25～30 厘米。⑤叶面追肥。喷施 400～500 倍的尿素液，以加强光合作用，增加树体的营养积累。⑥病虫害防治。雨后及时喷施一次高效杀菌剂多菌灵、代森锰锌、农用链霉素、农抗霉素等，以控制各类病菌的滋生。

图 69　洪水过后的核桃树

（三）霜冻害

在展叶至开花期，若遇低温（冻害）或晚霜冻，气温降至 -2～0℃，花芽、花、幼果等受到冻害，低于 -2℃ 核桃树生理机能遭到破坏，除生殖器官受到严重冻害外，未成熟枝条及新梢会产生较重冻害，部分皮层变黑，严重时干枯死亡。此时仍处于晚霜期，如果核桃雌花、枝条受严重冻害，则直接影响当年核桃产量和品质，且严重削弱树势，直接影响第二年的正常生长和产量，起到"一冻连害"效应。冬季低温在 -20℃ 时，幼树和成年树一年生枝受冻，在 -25～-20℃ 时，成年树上的枝条受冻，甚至有整株冻死现象；并且早春低温和大气干旱条件下易发生抽条，造成单年产量锐减。因此，冻害、早春倒春寒是影响核桃正常生长结果的限制因素（图70至图73）。

图 70　春季低温冻害

图 71　早春干旱抽条

图 72　遭受秋季早霜冻害的核桃苗

图 73　低温冻害受冻部位及表现

种类：①越冬冻害。核桃树越冬期间遇到－20℃以下低温或剧烈变温，树体嫩枝、大枝、桠枝、根颈、根系、花芽等会因冰冻而受害。②晚霜冻害。生长期夜晚土壤和植株表面温度短时降至0℃或0℃以下，会引起树体幼嫩部分、花芽和幼果伤害。③冷害。气温降到0～12℃时，在营养生长期会使树体由于积温不足而延迟物候期，花期会影响花器官发育、散粉、花粉萌发及花粉管伸长，导致授粉受精不良，生理落果严重，产量明显下降；秋季不能正常落叶，果实不能正常成熟。④冻旱害。在冬春冷暖气候交替之际，幼树遭受冻旱害会引起枝条失水皱皮和干枯，最后使植株死亡。

防范措施：①灌水法。灌水可增加近地面层空气湿度，保护地面热量，提高空气湿度（可使空气升温2℃左右）。由于水的热容量大，降温慢，田间温度下降变慢。在春季晚霜来临前1小时，对植物不断喷水。因水温比气温高，水在植物遇冷时会释放热量，加上水温高于冰点，以此来预防霜冻，效果较好。②熏烟法。对于核桃树相对集中或核桃丰产园，可采取熏烟来增强果树抗寒能力。熏烟能减少土壤热量的辐射散发，同时烟粒吸收湿气，使水分凝成液体而放出潜热，故可防霜保湿。③涂白法。用生石灰在树干周围涂上一层保护膜，增强保护能力，减少平流辐射。④遮盖法。利用稻草、麦秆、草木灰、杂草等覆盖植物，既可防止外面冷空气的袭击，又能减少地面热量向外面散失，一般能提高气温1～2℃。不过这种方法只能预防小面积的霜冻，其优点是防冻时间长。⑤在霜冻来临前，给核桃喷施防冻剂和保果素，预防低温霜冻危害和保花保果。若在霜冻后，则可采取以下措施进行补救：花期受冻后，在花托未受害的情况下，喷赤霉素，可以促进单性结实，弥补一定产量损失；实行人工辅助授粉，促进坐果；喷施0.3%硼砂+1%蔗糖液，全面提高坐果率；加强土肥水综合管理，养根壮树，促果实发育，增加单果重，挽回产量；加强病虫害综合防控，果树遭受晚霜冻害后，树体衰弱，抵抗力差，容易发生病虫危害。

（四）连阴雨

8月底至9月是核桃成熟收获的集中期，秋季阴雨是造成核桃落果和品质下降的主要因素。阴雨持续时间长或断续出现几次阴雨，且过程降水量多，阴雨寡照使核桃不能按时成熟或造成落果。收获后的核桃因阴雨不能及时晾晒，果仁变色变质，商品性明显下降。

防护措施：①成熟收获后及时脱皮晾晒，成熟前喷施利于核桃成熟的药剂。利用天气预报选择适宜的收获期，是应对核桃成熟期秋季阴雨不利气候因素的有效手段。②遇上连阴雨可将脱去青皮的核桃烘干处理。

（五）大风冰雹

造成核桃树折枝、落叶和花（果）大量脱落、损伤，给树体和花（果）造成严重伤害。

防护措施：①灾前防御。建立核桃园时查阅农业气象资料，不能把核桃园建立在雹线上；在核桃种植区经常发生冰雹的地方，植树种草，兴修水利，使局部地区温度差异较小，缓和局地热力对流的发展，可减轻冰雹灾害（图74）；在降雹前或降雹后进行叶面施肥。喷施 0.5% 尿素 +0.2% 硼砂 +0.3% 硫酸锌 +0.2% 磷酸二

图74　冰雹过后的核桃果实

氢钾，可起到增强核桃树的抗逆性，达到保花保果的效果。②人工消雹。在积雨云形成前，用高炮等直接把碘化银、碘化铅、干冰等催化剂送到自由大气里，让这些物质在雹云里起到雹胚作用，使雹胚增多，冰雹颗粒变小；在地面上向雹云放火箭打高炮，以破坏对雹云的水分输送；用火箭、高炮向暖云部分撒凝结核，使云形成降水，以减少云中水分，抑制雹胚增大。③灾后管理。及时清理断枝残叶，扶正倒苗，剪除烂枝烂叶；对折断的苗重新补栽、补种；适时抹芽，减少养分消耗；喷施叶面肥，恢复树势；适时灌水提墒；加强病虫防治。

（六）核桃日灼

日灼（图75）常常发生于干旱的条件下，是干旱失水和高温造成的局部组织死亡。干旱条件下，核桃树体水分供应不足，导致蒸腾作用减弱，不能及时地调节树体体温。因此，在灼热的阳光下，枝条表皮和果实局部剧烈增温而遭受灼伤，使果实出现淡褐色斑点，严重时可使果实和枝条表面出现裂斑。

图75　日灼果

防治措施：①树干涂白和果面喷白。树干涂白和果面喷波尔多液能有效反射阳光，避免直接照射，降低树干或果实表面温度，缓和温度的剧变，对防止日灼有一定的作用。②加强栽培管理，增强树势。要加强核桃园的土肥水管理，合理调节叶果比；施肥时要注意氮、磷、钾肥的科学配比，多施有机肥，提高土壤的保水保肥能力；在生长季内要注意病虫的防治，培养中庸健壮的树势，有利于减轻日灼的发生。③合理的整形修剪。整形修剪时，在树体的西南方向多留辅养枝，适当多留内膛果，少留梢头果，以避免枝干和果实裸露在直射的阳光下，可减轻日灼危害。④适时灌溉。在干旱季节，采取及时灌溉、保水及覆盖保墒法，保证叶片蒸腾作用的正常进行，满足核桃对水分的需求，降低树体温度以达到预防日灼的目的。

主 要 参 考 文 献

涉县林业局, 2013. 涉县核桃栽培技术指南 [M]. 石家庄 : 河北科学技术出版社 .

王贵 , 2010. 核桃丰产栽培实用技术 [M]. 北京 : 中国林业出版社 .

吴国良 , 段良骅 , 刘群龙 , 等 . 2011. 图解核桃整形修剪 [M]. 北京 : 中国农业出版社 .

郗荣庭 , 张志华 , 2014. 清香核桃 [M]. 北京 : 中国农业出版社 .

郗荣庭 , 2015. 中国果树科学与实践 : 核桃 [M]. 西安 : 陕西科学技术出版社 .

张志华 , 王红霞 , 赵书岗 , 2008. 核桃安全优质高效生产配套技术 [M]. 北京 : 中国农业出版社 .

张志华 , 裴东 , 2018. 核桃学 [M]. 北京 : 中国农业出版社 .

图书在版编目（CIP）数据

彩图版核桃整形修剪七日通 ／ 王红霞，赵书岗，张志华主编. —北京：中国农业出版社，2020.6
（彩图版果树整形修剪七日通丛书）
ISBN 978-7-109-26667-4

Ⅰ．①彩…　Ⅱ.①王…　②赵…　③张…　Ⅲ.①核桃－修剪－图解　Ⅳ．①S664.105-64

中国版本图书馆CIP数据核字(2020)第040554号

中国农业出版社出版
地址：北京市朝阳区麦子店街18号楼
邮编：100125
责任编辑：黄　宇
版式设计：杜　然　责任校对：吴丽婷
印刷：中农印务有限公司
版次：2020年6月第1版
印次：2020年6月北京第1次印刷
发行：新华书店北京发行所
开本：880mm×1230mm　1/32
印张：2.75
字数：80千字
定价：22.00元